BEI GRIN MACHT SICH IHR WISSEN BEZAHLT

- Wir veröffentlichen Ihre Hausarbeit, Bachelor- und Masterarbeit

- Ihr eigenes eBook und Buch - weltweit in allen wichtigen Shops

- Verdienen Sie an jedem Verkauf

Jetzt bei www.GRIN.com hochladen und kostenlos publizieren

Bibliografische Information der Deutschen Nationalbibliothek:

Die Deutsche Bibliothek verzeichnet diese Publikation in der Deutschen National-
bibliografie; detaillierte bibliografische Daten sind im Internet über http://dnb.d-
nb.de/ abrufbar.

Impressum:

Copyright © 2009 GRIN Verlag, Open Publishing GmbH
Druck und Bindung: Books on Demand GmbH, Norderstedt Germany
ISBN: 9783640520336

Dieses Buch bei GRIN:

http://www.grin.com/de/e-book/137613/unterrichtsstunde-milch-ein-fitmacher

Anja Kischkewitz

Unterrichtsstunde: "Milch ein Fitmacher"

GRIN Verlag

Technische Universität Dresden

Fakultät Erziehungswissenschaften

Institut für Berufliche Fachrichtungen

Berufliche Fachrichtung Lebensmittel-, Ernährungs- und Hauswirtschaftswissenschaft

„Milch – ein Fitmacher"

Schriftlicher Unterrichtsentwurf

Modul BA-LEH-M7 (Berufsfeldlehre/Berufsfelddidaktik)

Eingereicht von:

Anja Kischkewitz

Fachsemester: 4

Juli 2009

Vorwort

Diese Arbeit richtet sich an Lehramtsstudenten, egal ob noch Staatsexamen oder schon Bachelor. Sie soll als Beispiel für einen guten Unterrichtsentwurf darstellen. Alle Angaben, welche in der Bedingungsanalyse gemacht wurden, sind fiktiv. Frau Kischkewitz hat diese Klasse nicht unterrichtet. Sie bittet, dass bei Entnahme von Ausschnitten aus der Arbeit dieses kenntlich gemacht wird, da in diese Arbeit viel Zeit investiert wurde. Dieser Unterrichtsentwurf dient lediglich der Anleitung und Hilfestellung. Die didaktische und methodische Analyse wurden hier raus gelassen.

Inhaltsverzeichnis

Abbildungsverzeichnis

1 Bedingungsanalyse

<u>1.1 Allgemeines zum Unterrichtsfach</u>

Im Unterrichtsfach Ernährungslehre, einem Kernfach der fachtheoretischen Ausbildung, werden die Zusammenhänge zwischen Ernährung, Gesundheit und Leistungsfähigkeit vermittelt. Die Bedeutung einer gesunden Ernährung und eines rationalen Verbraucherverhaltens steht im Mittelpunkt des Faches. Für ein besseres Verständnis ernährungswissenschaftlicher Zusammenhänge werden an geeigneter Stelle die aus der Mittelschule bekannten Grundlagen der allgemeinen Chemie wiederholt und durch Inhalte der Lebensmittelchemie ergänzt. Die vermittelten Kenntnisse über Nahrungsinhaltsstoffe und Lebensmittel bilden die Grundlage für die späteren Lerngebiete der Ernährungslehre sowie für den fachpraktischen Unterricht in der Nahrungszubereitung. Das Wissen über die Werterhaltung und Qualität von Lebensmitteln schafft die Voraussetzung für die Beurteilung des Wertes von Lebensmitteln für die Ernährung. Die Lernenden sollen befähigt werden, verschiedene Kostformen zu bewerten und selbstständig Tageskostpläne zusammenzustellen und dabei bestehende Fehlernährungen und spezielle Kostformen zu berücksichtigen. Der Gemeinschaftsverpflegung ist dabei besondere Beachtung zu schenken. Den Lernenden muss bewusst werden, welche Bedeutung die Nährstoffe und die Ernährungsphysiologie für ihre eigene Person und ihre spätere Tätigkeit im Beruf besitzen. Das Interesse für eine gesunde Ernährung muss geweckt werden. Vorurteile gegenüber wissenschaftlich begründeten Ernährungsrichtlinien sind abzubauen. (Lehrplan Berufsfachschule, hauswirtschaftlicher Assistent, www.sachsen-macht-schule.de)

<u>1.2 Anmerkungen zur Lerngruppe</u>

Seit dem 27. August 2008 unterrichtet die Autorin die Klasse 08BFSb im Fach Ernährungslehre mit zusammenhängenden zwei Wochenstunden. Es handelt sich um Berufsfachschüler in der 12. Klassenstufe, welche ihren Abschluss zum hauswirtschaftlichen Assistent anstreben. Die kostenfreie Ausbildung erfolgt nach den KMK-Richtlinien und ist bundesweit anerkannt. Nach erfolgtem Berufsabschluss können die Lernenden innerhalb eines weiteren Jahres die Fachhochschulreife erlangen. Dies berechtigt sie zur Aufnahme eines Studiums an einer Fachhochschule in Deutschland.

Die Klasse setzt sich aus siebzehn Mädchen und vier Jungen im Alter von 16 bis 18 Jahren zusammen – nur ein Schüler ist 18 Jahre alt. Alle Lernenden besitzen den Realschulabschluss und haben wenige Vorkenntnisse in Bezug auf Ernährungslehre. Sie kommen alle aus anderen Mittelschulen. In der Lerngruppe herrscht ein gutes soziales Verhältnis. Die

Schüler gehen freundlich miteinander um. Die Schüler sind überwiegend am Unterrichtsgegenstand interessiert, wobei das gemeinsame Erarbeiten mit Mitschülern stark ausgeprägt ist. Wenn im Unterricht Zusammenhänge entwickelt werden, weisen die Lernenden unterschiedliche Leistungen auf. Es handelt sich um einen heterogenen Lernstand, welcher sich darin äußert, dass einige Schüler Differenzen des Arbeitstempos bei Bearbeitung von Arbeitsaufgaben und beim Abschreiben von Ergebnissen an der Tafel oder dem Overheadprojektor haben. Die Hälfte der Schüler verhält sich überwiegend rezeptiv, wobei sich jedoch der Großteil aktiv am Unterricht beteiligt. Es fällt auf, dass sich einige Schüler stark schwankend am Unterrichtsgeschehen beteiligen, was sehr vom Gegenstand und der Arbeitsform abhängt.

<u>1.3 Bemerkungen zum Kursraum</u>

Der Unterrichtsraum erweist sich für die Anzahl von 21 Lernenden als optimal, da nicht alle Bankreihen besetzt sind. Für den Lehrer steht viel Arbeitsplatz auf dem Lehrertisch zur Verfügung. Die Tische sind in U-Form mit zusätzlichen Tischen im Innenraum angeordnet. Dies ermöglicht einen schnellen Umbau bei Gruppenarbeiten. Der Unterrichtsraum besitzt zwei rechteckige Tafeln, welche aneinander hochzuschieben gehen. Die Fenster können verdunkelt werden, damit bei Sonnenschein der OHP benutzt werden kann und genügend Sicht vorhanden ist. In jedem Unterrichtsraum befindet sich ein Overheadprojektor. Die beiden Medienträger Tafel und OHP können gleichzeitig genutzt werden, ohne dass Einschränkungen bestehen. Die Aufteilung der Tafeln an der Wand mit dem vorgesehenen Platz für Projektionen mit dem Overheadprojektor ist günstig, da mit beiden Medien zur selben Zeit gearbeitet werden kann. Die Tafel ist magnetisch. Dies hat den Vorteil, den Unterricht methodisch vielfältig (z. B. durch Anheften von Karteikarten, farbigen Zetteln und Bildern) zu gestalten. Nach Anmeldung bei der jeweiligen Fachlehrerin können Beamer und Laptop zur Verfügung gestellt werden. Es ist jedoch sehr wichtig dies rechtzeitig mitzuteilen, da es nur jeweils ein Gerät für das gesamte Schulgebäude gibt. Jeder Klassenraum enthält ein TV-Gerät und eine Video/DVD - Kombination, sodass der Unterricht durch Filme ergänzt werden kann.

Die Unterrichtsstunden finden mittwochs von 8.20 Uhr im Beruflichen Schulzentrum Freiberg für Ernährung / Hauswirtschaft, Agrarwirtschaft und Körperpflege, Turnerstraße 5 in 09599 Freiberg statt, und enden 10.15 Uhr. Es handelt sich hierbei um eine Doppelstunde, zwischen welcher eine 25-minütige Frühstückspause stattfindet. Da die Schule saniert und umgebaut wurden ist, herrscht im gesamten Schulhaus ein angenehmes Lernklima. Da die Schule neues und modernes Mobiliar besitzt, kann davon ausgegangen werden, dass die Lernenden entsprechend aufmerksam und ausgeglichen den Unterrichtsablauf verfolgen. Der Unterricht findet im Klassenraum 103 statt, welcher etwa vierzig Quadratmeter groß ist.

Als Unterrichtsmaterial stehen Bücher und Broschüren vom AID im Lehrerzimmer bereit, welche jeweils als Klassensatz vorhanden sind. Die Lernenden selbst nutzen das Lehrbuch „Grundfragen der Ernährung" von Schlieper, welches zur Anschaffung vorgesehen ist. Zu Recherchezwecken kann auch nach Voranmeldung das PC-Kabinett genutzt werden. Dort steht allen Schülern das Internet zur Verfügung.

<u>1.4 Einordnung der Stunde in die Unterrichtseinheit</u>

In der heutigen Stunde soll tiefer in die eiweißhaltigen Lebensmittel eingeführt werden. Es soll näher darauf eingegangen werden, was sich hinter der Milch verbirgt. Es soll herausgefunden werden, welche Arten von Milch es gibt und welche ernährungsphysiologische Funktion festgestellt wird.

Am Abschluss jeder Unterrichtseinheit ist die praktische Untersuchung im Chemielabor, von ausgewählten Lebensmitteln, geplant.

Thema der Unterrichtseinheit sind eiweißreiche Lebensmittel. Die folgende Gliederung zeigt, welche Produkte im laufe des Schuljahres behandelt werden sollen. Das Thema Milch ist das einführende Thema der Unterrichtsreihe. Aufbauend auf der Einführung von Milch werden die Milchprodukte behandelt.

<u>1. Milch</u>

2. Milchprodukte

3. Hühnerei

4. Fleisch, Fleisch- und Wurstwaren

5. Fisch

6. Gelatine

7. Hülsenfrüchte

2 Lernziele

2.1 Groblernziele

Folgende allgemeine Lernziele verfolge ich in meinem Unterricht:

1. Die Schüler kennen die Zusammensetzung wichtiger Lebensmittel und können deren Wert für die Ernährung beurteilen. Sie ziehen daraus Schlussfolgerungen für ihr Einkaufsverhalten und für die Verarbeitung.
2. Im Einzelnen sollen die Schüler eiweißreiche Lebensmittel (wie Milch und Milchprodukte) kennen, sowie nach ernährungsphysiologischen, küchentechnischen und wirtschaftlichen Aspekten beurteilen können.

2.2 Feinlernziele

2.2.1 kognitive Lernziele

Die Lernenden können den Begriff „Milch" definieren. Sie schlussfolgern, dass Milchherstellung einer strengen Kontrolle unterliegt. Die Stufen der Milchverarbeitung können sie darstellen, die Qualität der Milch nach Kriterien beurteilen und die Angaben auf einer Milchpackung deuten. Die Lernenden können die Milch nach ernährungsphysiologischen Kriterien bewerten und ziehen daraus Konsequenzen für ihre privaten Kaufentscheidungen.

2.2.2 psychomotorische Lernziele

Milchsorten können die Lernenden anhand des Geschmacks und Fettgehalts erkennen und unterscheiden. Darüber hinaus sind Sie bereit ihre Unterlagen sauber und ordentlich zu führen und das vorgelegte Arbeitsblatt deutlich und lesbar auszufüllen.

2.2.3 affektive Lernziele

Die Lernenden entwickeln Selbstvertrauen, indem sie die Milch kritischer betrachten. Die gestellten Aufgaben erfüllen sie innerhalb der gesetzten Zeitvorgaben. Sie sind überzeugt, dass sie durch das Gelernte Konsequenzen ziehen lassen.

2.2.4 instrumentelle Lernziele

Die Lernenden können Ergebnisse aufgeschlossen und sicher präsentieren. Sie entwickeln Toleranz gegenüber ihren Mitschülern. Während der Einzelarbeit arbeiten sie still und ruhig.

3 Sachanalyse

„Milch", der Begriff wird von Herrn Baltes und Herrn Franzke unterschiedlich definiert. Nach Baltes ist Milch „das durch regelmäßiges, vollständiges Ausmelken des Euters gewonnene und gründlich durchmischte Gemelk von einer oder mehreren Kühen, aus einer oder mehreren Melkzeiten, dem nichts zugefügt und nichts entzogen ist" (Baltes, 347). Genau diese Definition entstammt dem Wortlaut aus § 2 der Milchverordnung. Wenn von Milch als Lebensmittel gesprochen wird, so versteht man grundsätzlich Kuhmilch darunter. Die Autorin stellt sich die Frage, ob man nicht auch von anderen Tierarten Milch gewinnen kann? Sie ist der Ansicht, dass die Definition nach Herrn Franzke allgemeiner formuliert ist und deshalb besser passt: „Milch ist das aus den Milchdrüsen weiblicher Säugetiere während der Laktation abgesonderte Sekret". Die Verwendung von Milch anderer Tierarten muss eindeutig gekennzeichnet werden, wobei in den meisten Ländern die Kuhmilch Handelsware ist. Kühe geben natürlich nicht von Anfang an Milch, sondern erst mit zwei bis drei Jahren. Dies nennt man Milchgebung und ist nicht nur daran gebunden, dass die Kuh unbedingt tragend gewesen sein muss, da die Laktationsphase nach dem Kalben bei 270 bis 300 Tagen liegt. Einige Kühe geben auch Milch ohne erneut zu Kalben. Aber wo wird die Milch gebildet? Nach Baltes (347) wird Milch in den Milchdrüsen des Euters produziert und transportiert ihre Ausgangstoffe (z.B. Glucose, Aminosäuren) mit dem Blut. Die in Epithelzellen gebildete Milch sammelt sich in Alveolen, bei höherem Milchdruck gelangen aber nur noch Milchzucker, Mineralstoffe und Vitamine nach Passieren einer semipermeablen Wand dorthin, während Eiweiß und Fett zurückgehalten werden. Beim „Anrüsten" des Euters mit einem warmen Lappen und leichtem Anstoßen als Imitation eines saugwilligen Kalbes werden in der Kuh Reflexe erzeugt, die über den Hypophysen-Hinterlappen zur Ausschüttung von Oxytoxin führen, eines aus neun Aminosäuren bestehenden Cyclopeptides, das zu den Neorohormonen gehört und kontraktionsauslösend auf die glatte Muskulatur wirkt. Der dadurch bewirkte Milchfluss senkt den Milchdruck in den Alveolen, wodurch nun auch Fett und Eiweiß aus den Epithelzellen abgegeben werden können. Während des Melkvorgangs ändert sich die Zusammensetzung der Milch. Zu beachten ist, dass die erste Milch nach dem Kalben nicht in den Handel gebracht werden darf. Sie zeichnet sich durch eine gelbrötliche Farbe aus und wird Kolostralmilch genannt.

Milch ist kühl und dunkel aufzubewahren, um die Teilungsrate der Keime niedrig zu halten. Geringe Spuren von Sonnenlicht führen zur Bildung von Methional, welches den Sonnengeschmack in der Milch auslöst (Baltes, 347 f.).

$$CH_3 - S - CH_2 - CH_2 - CHO \; (Methional)$$

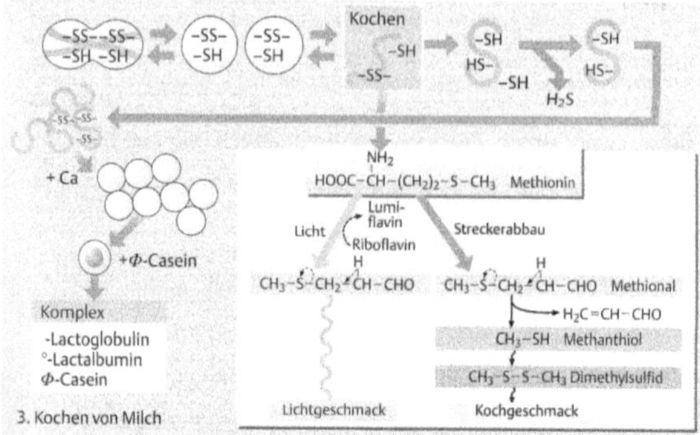

Abbildung 1: Kochen von Milch (Quelle: Schwedt, 22)

Milch kann nach Erhitzungsart, dem Fettgehalt oder dem Verwendungszweck eingeteilt werden.

Unterscheidung von Milch nach der Erhitzungsart:

- Rohmilch, nicht über die Gewinnungstemperatur bzw. 40°C erwärmt.
- wärmebehandelte Milch (pasteurisiert, ultrahocherhitzt, sterilisiert oder abgekocht)

Unterscheidung der Milch nach dem Fettgehalt:

- entrahmte Milch mit 0,3% Fett
- fettarme Milch mit 1,5 bis 1,8% Fett
- Vollmilch mit 3,5 bis 3,8% Fett

Unterscheidung nach dem Verwendungszweck:

- Konsummilch ist Milch, die an den Verbraucher abgegeben wird.
- Werkmilch ist Milch, die zur Verarbeitung bestimmt ist.
- Vorzugsmilch ist eine völlig unbehandelte Rohmilch, die bestimmten hygienischen Anforderungen entsprechen muss und für den direkten Konsum bestimmt ist.

Bevor Milch in den Handel geht, wird sie in verschiedenen Schritten bearbeitet. Das Ziel dieser Bearbeitung ist es, die mikrobiell sehr anfällige Milch (mechanisch) zu reinigen, von pathogenen Keimen zu befreien und haltbar zu machen. Im ersten Schritt wird die angelieferte Rohmilch gesammelt und zunächst nach Vorwärmen (ca. 40°C) in Zentrifugen mit bis zu 6500U/min gereinigt und entrahmt, wobei nach Abschneiden des festes Schmutzes der fettreiche Rahm und entrahmte Milch anfallen. Um die Trennung in Rahm und Magermilch zu erleichtern, wird die Milch zunächst auf ca. 50°C erwärmt. Die Magermilch wird durch das Zentrifugieren im Separator nach außen geschleudert, der Rahm sammelt sich innen, um die Drehachse.

Um den Fettgehalt optimal einzustellen, erfolgt im zweiten Schritt die Einstellung des Fettgehaltes, indem eine Rückmischung von Rahm zur Magermilch erfolgt. Ziel einer Homogenisierung ist die Stabilisierung der Emulsion. Diese erfolgt im vierten Schritt. In der Rohmilch sind die 1 bis 22µm dicken Fetttröpfen von einer Eiweißhülle umgeben, die zunächst das Aufrahmen verhindert. Die Rohmilch wird bei einem Druck von 200 bar durch feinste Düsen gepresst, hierbei werden die Fetttröpfchen auf etwa ein Fünftel ihrer Größe zerschlagen. Auch das Milcheiweiß, die Caseinmicellen, liegt nach dem Homogenisieren in feinerer Verteilung vor. Homogenisierte Milch zeichnet sich durch leichtere Verdaulichkeit und vollmundigeren Geschmack aus.

Durch die Wärmebehandlung soll der Keimgehalt vermindert werden, gleichzeitig sollen Geschmack, Nährstoffgehalt usw. der Rohmilch weitgehend erhalten bleiben. Zur Verlängerung der Haltbarkeit und Schutz des Verbrauchers werden verschiedene Methoden angewendet.

Bei der Pasteurisierung werden ca. 95% der Keime abgetötet. Pasteurisieren ist eine kurzfristige Hitzebehandlung von 100°C. Mikroorganismen werden bei diesem Verfahren nur zum Teil inaktiviert, deshalb müssen pasteurisierte Lebensmittel kühl gelagert werden. Nach der Verordnung zur Durchführung von Vorschriften des gemeinschaftlichen Lebensmittelhygienerechts, die am 15. August 2007 in Kraft getreten ist, gibt es folgende Definitionen für verschiedene Pasteurisierungsverfahren: die Kurzzeiterhitzung, wobei die Milch nur auf 72°C 15 bis 30 Sekunden heiß gehalten wird, die Hocherhitzung, bei der auf 85°C mindestens vier Sekunden heiß gehalten wird. Bei der Dauererhitzung wird für mindestens 30 Sekunden auf 62 bis 65°C erhitzt. Die thermische Behandlung hat den größten Einfluss auf die Milch, da neben Reaktion energiearmer Bindungen gespalten und neue Bindungen entstehen. Proteine sind hiervon stark betroffen, da diese denaturieren. Während Casein erst bei hohen Temperaturen denaturiert, werden Serumproteine mehr oder weniger denaturiert. Das wird z.B. zur Enteiweißung von Molken bei der Lactosegewinnung ausgenutzt. Durch das Erhitzen erfolgt eine Enzymaktivierung. Die Vitaminverluste betragen maximal etwa 15% und ein Teil des Calciums fällt als unlösliches Calciumphosphat aus, welches sich als so genannter „Milchstein" an den Milcherhitzern absetzt (Franzke, 427). Pasteurisierte Milch ist nur begrenzt haltbar. Ein luftdichter Verschluss oder kühles Lagern erhöhen die Haltbarkeitsdauer.

Milch kann auch durch Ultrahocherhitzung keimfrei gemacht werden. Bei diesem Verfahren wird die Milch zunächst auf 50°C erhitzt, dann wird sie durch einen Dampfstoß etwa drei bis vier Sekunden auf eine Temperatur zwischen 140 und 150°C gebracht. Die Milch ist somit drei Wochen ohne Kühlung haltbar. Diese Milch ist in Deutschland als H-Milch im Handel erhältlich (Schlieper, 293). H-Milch ist in ihrem biologischen Wert und sensorischen Eigenschaften im Vergleich zur pasteurisierten Milch wertgeminderter. Sie besitzt aber eine höhere Haltbarkeit (mindestens drei Monate im ungeöffneten Zustand). (Franzke, S. 428). Ultrahocherhitzung bekommt in Deutschland eine immer größere Bedeutung, da die H-Milch zu günstigeren Preisen angeboten werden kann. H-Milch ist leichter verdaulich als Frischmilch. Die B-Vitamine (hitzeempfindlich) verlieren etwa 20% gegenüber der pasteurisierten Milch. Aber der Gehalt an den übrigen Vitaminen und den Mineralstoffen (auch Calcium) bleiben im Vergleich zur pasteurisierten Milch weitgehend unverändert erhalten.

Die dritte Möglichkeit der Wärmebehandlung ist das Sterilisieren. Diese Methode wird aber kaum noch angewendet. Man spricht von sterilisieren, wenn Milch für 15 bis 30 Minuten auf 110 bis 117°C oder sogar 135°C unter Bewegung erhitzt wird. Mikroorganismen und Enzyme werden beim Sterilisieren weitgehend inaktiviert. Die Qualität sterilisierter Milch ist gemindert. Sie hat einen typischen Kochgeschmack und ist auf Grund von Maillard-Reaktionen sowie u.U. partieller Caramelisierung der Lactose häufig schwach gelblich gefärbt. Der Gehalt an hitzestabilen Vitaminen ist stark reduziert, der Frischmilchcharakter ist weitgehend verloren gegangen und der biologische Wert gemindert (Franzke, 428f.). Das Milcheiweiß verliert an Wertigkeit, da es beim Sterilisieren zu größeren Verlusten bei der essenziellen Aminosäure Lysin kommt.
Nach der Wärmebehandlung wird die Milch schnell auf 4°C abgekühlt.

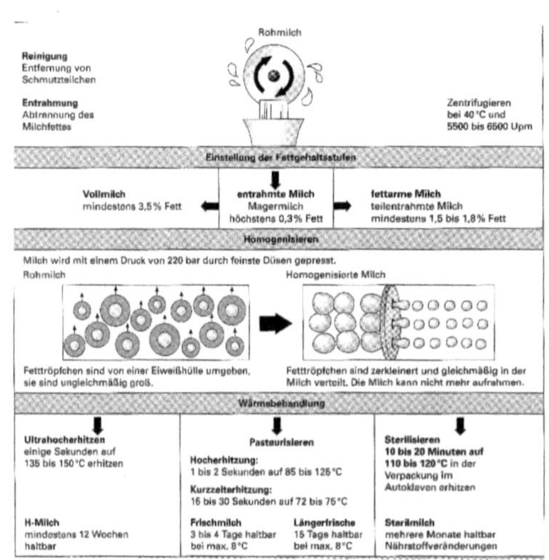

Abbildung 2: Herstellungsprozess der Milch

(Quelle: Schlieper, 125)

Warum ist das Lebensmittel Milch so wichtig für die Lernenden?

Milch ist ein biologisch sehr wertvolles Lebensmittel. Milch und deren Erzeugnisse zählen zu den wichtigsten und hochwertigsten Lebensmitteln auf dem Markt. Für eine ausgewogene Ernährung ist Milch unverzichtbar. Dieses können die Schüler beurteilen und ziehen daraus Schlussfolgerungen für ihr Einkaufsverhalten und für die Verarbeitung. Milch kann bereits nach dem Melken als natürliches Lebensmittel angesehen werden, aber sie wird für verschiedene Bevölkerungsgruppen bearbeitet, damit sie zum Verzehr geeignet ist. Des Weiteren liefert sie fast alle Nährstoffe, die der Mensch in einer optimalen Menge und Verfügbarkeit benötigt. Welche Nährstoffe konkret die Milch enthält, wird im Folgenden dargestellt.

Milch ist eine Fett-in-Wasser-Emulsion. Ihre weiße Farbe wird durch Fett- und Proteinkolloide hervorgerufen. Die schwach gelbliche bzw. grün-gelbliche Färbung, in der die Molke nach Entfernung von Fett und Eiweiß schimmert, entsteht aufgrund der Carotinoide in der Fettphase (Weidegang) und des Riboflavins der wässrigen Phase. Ihr Geruch ist unspezifisch. Kuhmilch enthält:

1. Milcheiweiß (Casein):

Milch liefert hochwertiges Eiweiß, welches alle essentiellen Aminosäuren enthält. Der Mensch kann diese Eiweißbausteine selbst nicht herstellen und muss die mit der Nahrung aufnehmen. Milcheiweiß besteht zu 80 Prozent aus Casein und 20 Prozent aus Molkeneiweiß. Die Kombination aus beiden gilt als hochwertig. Kraftsportler setzen auf Milch und Milchprodukte, um ihre Muskeln aufzubauen. Proteine sind Baustoff von Enzymen, die zum Ab- und Umbau der Nährstoffe aus der Nahrung dienen, sind Grundstoff für Hormone, die alle körperlichen Abläufe steuern. Ebenfalls sind Proteine Transportmittel für Fette und andere Stoffe, die nicht im Blut gelöst werden können, sondern von einer Eiweißhülle umschlossen mit dem Blutkreislauf befördert werden. Sie sind essentiell für das Immunsystem als Bestandteil von Abwehrstoffen. Wie macht sich ein Eiweißmangel bemerkbar? Es treten Muskel- oder Gedächtnisschwäche auf. Eine verminderte Immunabwehr kann jedoch auch auftreten (aid-Heft „Milch und Milchprodukte, 5). Casein besteht aus Peptidketten mit unterschiedlicher Länge. Dieses liegt in der Milch in Form von Micellen vor.

2. Milchfett:

Der Fettgehalt variiert nach Rasse der Kuh und Jahreszeit. Eine Kuh aus Hochland hat eine geringere Quantitativität, gibt aber fettreichere Milch als eine Niederlandkuh. Das Milchfett enthält eine Reihe von kurz- und mittelkettigen Fettsäuren. Die wichtigsten sind Öl-, Palmitin-, Stearin- und Myristinsäure. Auch Buttersäure hat einen hohen Gehalt in der Milch. Diese Fettsäuren sind von praktischer Bedeutung, da sie leichter verdaulich sind und Milchfett für den Menschen gut bekömmlich ist. Milchfett ist Träger der fettlöslichen Vitamine, die ohne gleichzeitige Fettaufnahme vom menschlichen Körper nicht vollständig verwertet werden können. In der Rohmilch liegt das Milchfett verteilt in Tröpfchen vor. Diese sind von einer Membran umgeben, die aus Phospholipiden (Lecithin), Cholesterin, Membranproteinen und Enzymen besteht. Milchfett kann durch Lipasen der Verdauungssekrete ohne vorheriges Einwirken von Gallensäuren hydrolytisch gespalten werden. Somit kann es bei gestörter Gallensaftproduktion zur Fettbedarfsdeckung eingesetzt werden (Baltes, 348 ff., Schlieper, 126 ff. und aid-Heft, 5 ff.). Durch Homogenisierung wird die Fetttröpfchengröße auf ein fünftel der Ursprungsgröße reduziert.

3. fettlösliche und wasserlösliche Vitamine:

Milch enthält sämtliche wasserlösliche Vitamine, aber auch an fettlöslichen Vitaminen mangelt es nicht. Vitamin A kommt in nennenswerter Menge vor. Es ist am Sehvorgang beteiligt, steuert Zell- und Knochenwachstum sowie den Aufbau von Haut und Knochen. Vitamin D ist nur in geringen Mengen enthalten. Sein Vorhandensein ist aber wichtig, da es die Aufnahme von Calcium im Darm fördert und optimalen Einbau in die Knochen ermöglicht. Die B-Vitamine und Folsäure sind u.a. am Umbau der Nährstoffe aus der Nahrung in Energie beteiligt. Insbesondere Vitamin B_{12} ermöglicht die Zellteilung und –neubildung. Des Weiteren ergänzen sie sich optimal bei gleichzeitiger Aufnahme. Der Vitamingehalt unterscheidet sich je nach Fütterung und Fettgehalt in der Milch.

4. Kohlenhydrate (Laktose):

Laktose ist der sogenannte Milchzucker, welcher nur in Milch zu 4,8 Prozent vorkommt und ein Disaccharid ist. Die Laktose gelangt unverändert in den Dünndarm, da im menschlichen Speichel und Magensaft keine milchzuckerspaltenden Enzyme vorhanden sind. Im Dünndarm wird Laktose dann durch das Enzym Laktase in ihre Bausteine Glucose und Galaktose gespalten. Bei Laktose dauert der Verdauungsprozess länger, d.h. Glucose und Galaktose treten später ins Blut als die anderen Zuckerarten. Nun wird Milchzucker in Körperzellen zu Energie umgewandelt. Der Vorteil von Milchzucker besteht darin, dass er bei weiten nicht so kariesfördernd ist wie normaler Haushaltszucker. Die im Dünndarm entstandene Milchsäure steigert das Stuhlvolumen und regt den Darm zur Aktivität an. Problematisch erscheint, dass fünfzehn Prozent der Deutschen eine Laktoseintoleranz entwickeln. Durch die Chlorzuckerzahl einer Kuh kann man feststellen, ob die Kuh ein krankes Euter hat. Bei Euterkrankheiten steigt die Chlorzuckerzahl bis auf 15 an, da der Milchzuckergehalt erniedrigt ist und die Konzentration an Natriumchlorid steigt. Im Normbereich befinden sich Werte von 0,5 bis 1,5. (Baltes, 350, Schlieper, 128, aid-Heft).

$$\text{Chlorzuckerzahl} = \frac{\underline{\text{Konzentration an Chlorid}}}{\text{Konzentration an Laktose}}$$

5. Mineralstoffe und Spurenelemente:

Milch liefert Calcium, Magnesium, Zink, Phosphor und das Spurenelement Jod. Calcium ist ein unentbehrlicher Mineralstoff, da es für die Knochen benötigt wird. Eine ausreichende Versorgung von Calcium im Knochenwachstum ist sehr wichtig. Jedoch sollte im höheren Alter auch genügend Calcium zugeführt werden, damit es nicht zu Osteoporose kommt. Calcium ist dafür notwendig, die Signalübertragung von Zelle zu Zelle zu stabilisieren, sich an der Reizübertragung im Nervensystem zu beteiligen, die Muskelfunktion zu stärken und der Blutgerinnung vorzubeugen. Für die Muskelfunktion ist aber auch Magnesium verantwortlich. Es aktiviert ebenso Enzyme in der Zelle. Zink stellt einen besonderen Enzymaktivator dar. Bei Mangel kommt es zu Appetitlosigkeit, Haarausfall, verzögerter Wundheilung und erhöhter Infektanfälligkeit. Der dritte wichtige Mineralstoff ist Phosphor, welcher bei der Energiegewinnung und -speicherung in den Zellen hilft. Gemeinsam mit Calcium sorgt es für gesunde Zähne und Knochen. Das Spurenelement Jod ist für die reibungslose Schilddrüsenfunktion verantwortlich (aid-Heft, 7 f.).

Aus wissenschaftlicher Sicht wird Milch kontrovers diskutiert. Die einen sind der Meinung, dass Milch gesund ist und schlank macht. Andere wiederum sträuben sich dieser Ansicht anzunehmen und behaupten Milch mache krank und dick. Ernährungsphysiologisch betrachtet ist Milch ein hochwertiges Nahrungsmittel, da sie viele Vitamine und Mineralstoffe abdeckt. Eine neuste Untersuchung aus den USA hat ergeben, dass Calcium in der Milch nicht nur für Knochenschwund, sondern auch für die Diät eine beachtliche Rolle spielt. Frau Dr. Andrea Lambeck, Referatsleiterin Wissenschaft der CMA, gab bekannt, dass je höher die tägliche Calciumzufuhr aus Milchprodukten ist, desto geringer sei das Risiko für Übergewicht. Sie belegt es: „Dieser Calciumeffekt hängt direkt mit den so genannten bioaktiven Eiweißen in Milch oder Buttermilch zusammen", denn mit Calciumtabletten funktioniere dieser Abnehmtrick nicht. Milch trinken ersetze zwar nicht die regelmäßige Mundhygiene, doch sie stärkt den Zahnschmelz und wirkt prophylaktisch gegen Karies (http://www.bild.de/BTO/tipps-trends/gesund-fit/bams/2006/milch-kalzium-schlank/milch-kalzium-schlank.html, Stand: 2006). Bei der Recherche im Internet, stellte die Autorin fest, dass es sogar „richtige" Milchgegner gibt. Diese sehen in Milch den Verursacher für Osteoporose und empfinden Milch nur als nützlich für das Kalb, also den Nachwuchs. Die

Milchindustrie biete Milch nur an, um damit Geld zu verdienen. (http://www.zentrum-der-gesundheit.de/milch.html).

Die Autorin meint, dass vor allem eine ausgewogene Ernährung wichtig ist, in der auch Milch und Milchprodukte nicht fehlen dürfen. Es ist jedoch sicher zu stellen, dass jedes Lebensmittel im gesunden Maße zu sich genommen werden muss, damit einer einseitigen und ungesunden Ernährung vorgebeugt wird.

Anhang

- Verlaufsplannung der Unterrichtsstunde
- Tafelbildentwurf
- Overheadfolien
- Arbeitsblatt

<u>Anhang 1: Verlaufsplanung der Unterrichtsstunde</u>

Thema der Stunde: „Milch – ein Fitmacher"

Stunde: 8:20 – 9:05 Uhr und 9:30 – 10:15 Uhr (90 Minuten)

Fach: Ernährungslehre

Klasse/Klassenstufe: 08BFSb/12

Zeit	Pha-se/didak-tische Funk-tion	Inhalt		Organisatorische Hin-weise/Medien
		Lehraktivität	**Lernaktivität**	
8:20 – 8:30 Uhr	Einstieg Anwendung	Milchsorten in Becher abfüllen <u>Aufgabe:</u> *„Probieren Sie die Milch in den verschiedenen Becher und beurteilen Sie Aussehen, Geruch und Geschmack!"*	Verkosten: Geschmack vergleichen Fettgehalte unterscheiden Konsistenz feststellen Geruch beurteilen	Verschiedene Milchsorten
8:30 – 8:35 Uhr	Einführung	Pro-Kopf-Milchverbrauch in Dtl. <u>Aufgabe:</u> *„Schätzen Sie wie hoch der Pro-Kopf-Verbrauch liegt!"* Definition von Milch	Antwort: 64,6 kg im Jahr 2006 „Milch ist ein Sekret, welches aus den Milchdrüsen weiblicher Säugetiere (Laktati-on) abgesondert wird. Sie ist eine weiße bis	OHP - Folie 1: Tabelle Frage-Antwort-Methode Lehrer-Schüler-Gespräch Tafel Lehrer-Schüler-Gespräch

			schwach gelbliche Flüssigkeit."	
8:35 – 8:40 Uhr	Einführung	Qualitätsmerkmale der Milch	EU-Verordnung Nr. 853/2004: regelmäßige Kontrollen, Hygienevorschriften, Probennahme, Lagerung	OHP - Folie 2: Qualitätsmerkmale / Untersuchungskriterien Lehrervortrag
8:40 – 8:55 Uhr	Erstaneig-nung Vertiefung Auswertung	Verarbeitung der Milch – „vom Bauer zur Molkerei" Aufgabe: „Öffnen Sie das Lehrbuch auf Seite 125! Sehen Sie sich die Abbildung an und lesen Sie den dazugehörigen Text auf Seite 124 durch! Erarbeiten Sie sich Stichpunkte, so dass Sie die Ergebnisse präsentieren können! Zusätzlich können Sie das Aid-Heft auf S. 14-17 nutzen. Sie haben 10 Minuten Zeit."	1. Reinigung und Entrahmung 2. Einstellung des Fettgehaltes 3. Homogenisieren 4. Wärmebehandeln 5. Kühlung Präsentation der Ergebnisse	Lehrbuch S. 124 f. Aid-Heft 1008/2008 „Milch und Milchprodukte", S. 14 ff. Schülereinzelarbeit
8:55 – 9:05 Uhr	Reaktivie-rung	Aufgabe: „Während der Verkostung stellten Sie Unterschiede bei der Milch fest. Nach welchen Kriterien könnte Milch unterschieden werden?"	Antwort: 1. nach der Erhitzungsart - H-Milch - Frischmilch/längerfrische Milch/ESL-Milch - Sterilmilch	Lehrer-Schüler-Gespräch Folie 3

	Festigung	**Aufgabe:** *„Erarbeiten Sie sich mit Lehrbuch und Aid-Heft die Unterschiede heraus!"*	2. nach dem Fettgehalt - Vollmilch - entrahmte Milch - fettarme Milch - H-Milch: mindestens 12 Monate haltbar - Frischmilch: 3-4 Tage haltbar bei max. 8°C - Längerfrisch: 15 Tage haltbar bei max. 8°C - Sterilmilch: mehrere Monate haltbar, Nährstoffveränderungen - Vollmilch: 3,5% Fett - fettarme Milch: teilentrahmte Milch, mind. 1,5 – 1,8% Fett - entrahmte Milch: Magermilch, 0,3% Fett 3. nach dem Verwendungszweck - Konsummilch, Werkmilch, Vorzugsmilch	Partnerarbeit
	Auswertung		Präsentation der Ergebnisse	
9:30 – 9:45 Uhr	Anwendung	Kennzeichnung von Milch **Aufgabe:** *„Bearbeiten Sie das Arbeitsblatt!"*	Mindesthaltbarkeitsdatum Mindesthaltbarkeitshinweis Vollmich 1 Liter Milchsorte Vollmich pasteurisiert 3,5 % Fett Wärmebehandlungsverfahren Fettgehaltsangabe Homogenisierung (wenn erfolgt) 1 Liter Füllmengenangabe Hersteller, Befüller, verkäufer Identitätskennzeichen	Arbeitsblatt Einzelarbeit Folie 4

	Kontrolle		Präsentation der Ergebnisse	
9:45 – 9:50 Uhr	Reaktivie-rung	Aufgabe: „Nennen Sie Nährstoffe, die der Körper benö-tigt!"	- Vitamine - Kohlenhydrate - Eiweiße - Mineralstoffe - Spurenelemente - Fettsäuren	
		Vitaminverluste beim Erhitzen der Milch	→ Pasteurisieren, Ultrahocherhitzen, Ko-chen, Sterilisieren	Folie 3 Lehrervortrag
9.50 – 10:10 Uhr	Vertiefung/ Anwendung	Nährstoffgehalt der Milch Aufgabe: „Bewerten Sie Milch nach ihrer ernährungs-physiologischen Funktion! Ziehen Sie das Lehrbuch S. 126 f. und im Aid-Heft S. 5-8 und 37-43 zu Rate!"		Lehrbuch S. 126 f. Aid-Heft „Milch und Milcherzeugnisse", S. 5-8, 37-43 Partnerarbeit
	Auswertung		Präsentation der Ergebnisse	
10:10 – 10:15 Uhr	Anwendung	Aufgabe: „Vergleichen Sie auf S. 128 im Lehrbuch die Nährstoffgehalte von fettarmer Milch und Vollmilch! Welche Unterschiede stellen Sie fest?"	Vollmilch enthält: - biologisch hochwertiges Eiweiß - emulgiertes, leicht verdauliches Fett - reichlich Ca, Mg, Ph - reichlich Vitamin A, D und B - wenig Fe & Vitamin C Vollmilch ist leichter verdaulich, wenn sie	Lehrbuch S. 128 Schülerstillarbeit

	Kontrolle		erhitzt, angesäuert, homogenisiert wurde und mit KH (z.B. Haferflocken) gegessen wird Fettarme (teilentrahmte) Milch ist im allgemeinen ernährungsphysiologisch wertvoller als Vollmilch, hat einen geringeren Fettgehalt und somit auch weniger Energie als Vollmilch, enthält kaum fettlösliche Vitamine A & D, enthält ausreichend Vitamin B_2 und Ca, in Bezug auf die restlichen Nährstoffe etwa mit der Vollmilch gleichwertig, preiswerter als Vollmilch. Präsentation der Ergebnisse	

Puffer: kurze Wiederholung der Stunde in Form einer Mindmap

Eiweißreiche Lebensmittel

1 Milch – ein Fitmacher

1.1 Definition:
= das durch regelmäßiges, vollständiges Ausmelken des Euters gewonnene und gründlich durchmischte Gemelk von einer oder mehreren Kühen, aus einer oder mehreren Melkzeiten, dem nichts zugefügt und nichts entzogen ist.

1.2 Qualitätsmerkmale der Milch

1.3 Verarbeitung der Milch
Aufgabe: Öffnen Sie das Lehrbuch auf Seite 125! Sehen Sie sich die Abbildung an und lesen Sie den dazugehörigen Text auf Seite 124 durch! Erarbeiten Sie sich Stichpunkte, so dass Sie die Ergebnisse präsentieren können! Zusätzlich können Sie das Aid-Heft auf S. 14-17 nutzen. Sie haben 10 Minuten Zeit.

1.4 Unterscheidung der Milch

nach der Erhitzungsart   nach dem Fettgehalt

Aufgabe: Erarbeiten Sie sich mit Lehrbuch und Aid-Heft die Unterschiede heraus!

1.5 Kennzeichnung der Milch

1.6 Nährstoffgehalt der Milch

Bewerten Sie Milch nach ihrer ernährungsphysiologischen Funktion! Ziehen Sie das Lehrbuch S. 126 f. und im Aid-Heft S. 5-8 und 37-43 zu Rate!
→ 15 Minuten Zeit zur Ausarbeitung
→ Präsentation: 10 Minuten

Vergleichen Sie auf S. 128 im Lehrbuch die Nährstoffgehalte von fettarmer Milch und Vollmilch! Welche Unterschiede stellen Sie fest?

Vollmilch	Fettarme Milch

Folie 1: Pro-Kopf-Verbrauch von Milch pro Jahr in kg

	2001	2002	2003	2004	2005	2006
Konsummilch insgesamt[1],	64,0	64,0	65,5	62,0	61,0	64,6
› darunter Vollmilch[1] (> 3,5 % Fett)	40,5	38,7	39,0	35,0	33,5	34,8
› darunter fettarme Milch (1,5 – 1,8 % Fett)	20,3	22,6	23,8	27,7	25,4	27,7
› darunter entrahmte Milch (< 0,5 % Fett)	0,8	0,8	0,9	0,8	–	–
› davon Buttermilcherzeugnisse	2,8	2,7	2,7	2,3	2,1	2,1
Sauermilch und Milchmischerzeugnisse	26,1	27,0	28,5	29,4	29,8	30,5
› darunter Jogurt	14,8	15,5	16,5	16,3	16,7	17,2
Frischmilcherzeugnisse, insgesamt[1], (Konsummilch, Buttermilcherzeugnisse Milchmischerzeugnisse, Jogurterzeugnisse und Sauermilcherzeugnisse zusammen)	90,1	91,0	94,0	93,3	92,7	97,0
› davon Molkereiabsatz	87,8	88,9	91,9	91,4	90,8	65,1

1) einschließlich Eigenverbrauch und Direktabsatz der Erzeuger
Quelle: BMELV, Bonn

Folie 2: Qualitätsmerkmale der Milch

Milch ist für den mikrobiologischen Verderb enorm anfällig. Milch darf nur nach den Vorschriften der EU-Verordnung Nr. 853/2004 mit spezifischen Hygienevorschriften erzeugt werden.

EU-Verordnung Nr. 853/2004:

- Anforderungen an den Tierbestand
- Anforderungen an Personal
- Anforderungen an Räumlichkeiten und Einrichtungen
- Anforderungen an das Melken
- Anforderungen an die hygienischen Qualitätsparameter der Rohmilch selbst

→ Kontrolle erfolgt durch zuständige Überwachungsbehörden

Milchgüte-Verordnung

= legt fest wie häufig welche Eigenschaften untersucht werden.

Mindestens zwei bis mehrmals monatlich werden untersucht:
- Gehalt an Fett und Eiweiß
- Bakteriologische Beschaffenheit: Keimzahl = Gradmesser für die hygienischen Bedingungen bei der Milchproduktion
- Gehalt an somatischen Zellen: dieser Wert spiegelt den Gesundheitszustand der Tiere, vor allem der Euter, wider
- Gehalt an Hemmstoffen: Hemmstoffe sind entweder Reste von Tierarzneimitteln oder Reste von Desinfektionsmitteln. Werden Hemmstoffe festgestellt, wird die Milch nicht mehr als Lebensmittel verarbeitet, sondern entsorgt
- Gefrierpunkt: dieser zeigt an, ob die Milch Fremdwasser enthält (mittlerer Gefrierpunkt von unverfälschter Milch bei etwa -0,515 °C)

Nach Ergebnis der Keimzahl wird Milch in Klassen eingestuft.

Stufe S 1   → volles Milchgeld
Stufe S 2   → spürbarer Milchgeldabzug, bei fortgesetzter Erzeugung sogar nach drei Monaten Ausschluss von der Milchabholung durch Molkerei

Folie 3: Vitaminverluste bei verschiedenen Erhitzungsverfahren

Vitaminverluste bei verschiedenen Erhitzungsverfahren in %

Erhitzungs-verfahren	Verluste in %				
	B_1	B_6	B_{12}	Folsäure	C
Pasteurisieren	<10	0–8	<10	<10	10–25
Ultrahoch-erhitzen	15–20	10	10–20	5–20	5–30
Kochen	10–20	10	5–10	20	15–30
Sterilisieren	20–50	20–50	20–100	30–50	30–100

Quelle: Schlieper, „Grundfragen der Ernährung", S. 128

Kennzeichnung der Milch

→ Konsummilch muss mit folgenden Angaben gekennzeichnet sein

- Verkehrsbezeichnung
- Milchsorte (Vollmilch, teilentrahmte Milch oder fettarme Milch, entrahmte Milch oder Magermilch)
- Fettgehalt in Prozent
- Mindesthaltbarkeitsdatum
- Art der Wärmebehandlung
- Name und Anschrift des Herstellers
- Füllmenge in Litern
- Zutatenliste
- Europäischer Genusstauglichkeitszeichen, damit der Verbraucher erkennt, wo die Milch herkommt

Aufgabe: Beschriften Sie die Milchpackung mit den richtigen Angaben! Überlegen Sie, ob es möglich wäre, dass noch andere Angaben auf einer Milchpackung zu finden sein könnten!

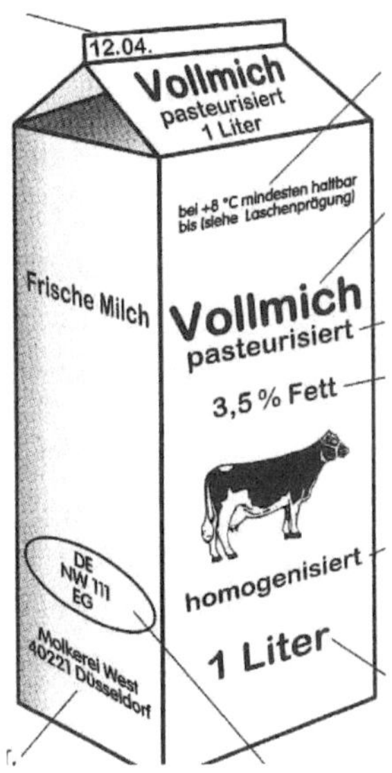

Erläutern Sie die Angaben auf den Milchpackungen!

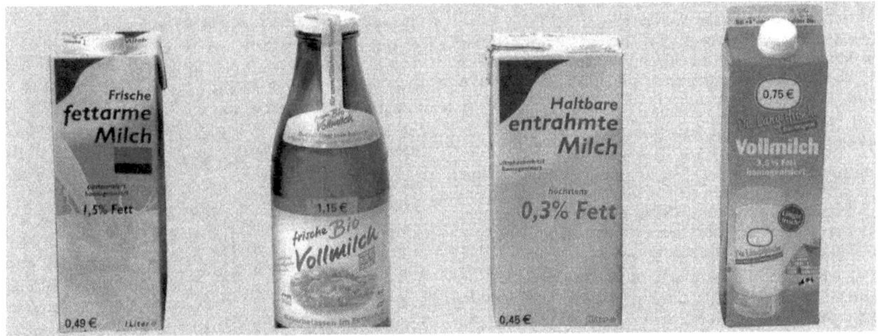

Literaturverzeichnis

Krewer, Gerd, Meerbusch; Dipl. oec. troph. Stefanie Wetzel, Berlin; Dipl. troph. oec. Katharina Henkenjohann, Bonn; Dipl. Troph. Bettina Muermann, Meckenheim; Dipl. Oecotroph. Gabriele Kaufmann, aid 2008: Milch und Milcherzeugnisse. 17. Auflage, Bonn: Aid- Verlag Verbraucherschutz, Ernährung, Landwirtschaft e.V.

Baltes, Werner 2007: Lebensmittelchemie. 6. Auflage, Leipzig: Springer.

Franzke, Claus 1996: allgemeines Lehrbuch der Lebensmittelchemie. 3. Auflage, Hamburg: Behr.

Schramke, Wolfgang, Strorkemann, Werner 1993: Der schriftliche Unterrichtsentwurf. Ein Leitfaden mit Lehrproben-Beispielen Erkunde. 1. Auflage, Hannover: Hahnsche Buchhandlung.

Schlieper, Cornelia A. 2007: Grundfragen der Ernährung. 19. Auflage, Hamburg: Dr. Felix Büchner – Handwerk und Technik.

Schwedt, Georg 2005: Taschenatlas der Lebensmittelchemie. 2. Auflage, Weinheim: WILEY-VCH Verlag GmbH & Co. KGaA

Folie 1: Pro-Kopf-Verbrauch von Milch und Milchprodukten
Aid-Heft „Milch und Milcherzeugnisse", 10

Folie 2: Qualitätsmerkmale der Milch
Aid-Heft „Milch und Milcherzeugnisse", 12

Folie 3: Vitaminverluste bei verschiedenen Erhitzungsverfahren
Schlieper, „Grundfragen der Ernährung", 128
Aid-Heft „Milch und Milcherzeugnisse", 13

Anhang 4: Arbeitsblatt Kennzeichnung der Konsummilch
Schlieper, 128
Aid-Heft, 34

Literatur aus dem Internet

- http://www.swissmilk.ch/de/uploads/media/november04_1_.pdf
  gefunden am: 2. Juli 2009 um 20:33 Uhr

- http://www.bild.de/BTO/tipps-trends/gesund-fit/bams/2006/milch-kalzium-schlank/milch-kalzium-schlank.html
  gefunden am: 3. Juli 2009 um 18:30 Uhr

- http://www.swissmilk.ch/de/uploads/media/13_PDF_301_1_.pdf
  gefunden am: 3. Juli 2009 um 18:45 Uhr

- http://www.milchindustrie.de/de/infos/verbraucherfragen/milch_macht_kinder_schlank/
  gefunden am: 3. Juli 2009 um 19:47 Uhr

BEI GRIN MACHT SICH IHR WISSEN BEZAHLT

- Wir veröffentlichen Ihre Hausarbeit,
  Bachelor- und Masterarbeit

- Ihr eigenes eBook und Buch -
  weltweit in allen wichtigen Shops

- Verdienen Sie an jedem Verkauf

Jetzt bei www.GRIN.com hochladen
und kostenlos publizieren